AF248010

SAINT YORE

par

l'Abbé **B.-J. THOBOIS**

Curé d'Alette

Virum approbatum a Deo.
(*Act. Ap.*, ch. II).

BOULOGNE-SUR-MER

IMPRIMERIE G. HAMAIN

83, RUE FAIDHERBE

—

1904

SAINT YORE

par

l'Abbé B.-J. THOBOIS

Curé d'Alette

Virum approbatum a Deo.
(Act. Ap., ch. II.)

BOULOGNE-SUR-MER

IMPRIMERIE G. HAMAIN

83, RUE FAIDHERBE

—

1904

PRÉFACE

Je visitais un jour les archives de la ville de Béthune (1). Je n'avais d'autre but que d'utiliser quelques moments de loisirs et de satisfaire mon modeste goût pour les choses du passé. Mon attention s'arrêta sur un nom inconnu pour moi.

Ce nom était celui de saint Yore.

Je pris des informations. J'appris qu'il y avait à Béthune, une rue portant le nom du Saint et qu'une ancienne caserne avait jadis porté ce même nom.

Ce fut tout ce que je pus trouver comme renseignements.

Je crus cependant voir, dans ce simple indice, une empreinte de foi et le signe d'un fait digne d'être étudié. La pensée me vint de faire des recherches et de voir si ce nom de saint Yore ne renfermait pas un passé intéressant. Séduit et charmé par ce nom que je venais de rencontrer, je fouillai les archives anciennes et étudiai les coutumes et les traditions qui pouvaient intéresser mon sujet.

Mes recherches n'ont pas été couronnées d'un grand succès. Les détails qui vont suivre sont les seuls résultats que je pus obtenir. Tout modestes qu'ils sont, je crois cependant pouvoir les offrir aux amateurs du passé religieux du diocèse d'Arras.

(1) *L'Inventaire des Archives municipales de Béthune* a été publié, en 1874, par M. Travers.

SAINT YORE

I

Saint Yore, pèlerin de Notre-Dame de Boulogne.

Débarrassé des terreurs de l'an 1000, le XIe siècle s'était levé sous de magnifiques auspices.

La foi gouvernait les peuples.

A la faveur de cette salutaire influence, les actes de dévotion se multipliaient sous toutes les formes.

Les pèlerinages devinrent plus fréquents que jamais.

La présence de saints étrangers que signalent les hagiographes de cette époque, était déterminée presque toujours par un vœu ou tout autre sentiment de piété qui les poussait à entreprendre un pèlerinage lointain.

Un des principaux titres de gloire de la ville de Boulogne était son sanctuaire en l'honneur de la Sainte Vierge. Au témoignage de l'histoire, on peut dire qu'il était universellement connu et fréquenté. Les évêques, les princes, les guerriers, le clergé, les particuliers, de tous les pays et de toutes les conditions,

faisaient « le pèlerinage de Nostre-Dame de Boul-
logne », qui méritait déjà à juste titre le nom que la
piété des fidèles lui a conservé jusqu'aujourd'hui :
Patrona nostra singularis !

On s'y rendait non seulement de la France et de
tous les royaumes de l'Europe, mais encore des
régions centrales de l'Asie. On venait implorer la
puissante protection de la Vierge qui comblait ses
enfants de ses maternelles bénédictions. « Alors les
« nombreux miracles à la gloire de Jésus-Christ et à
« la louange de sa sainte Mère qui éclataient à Bou-
« logne, y attiraient un grand concours de peuples de
« tous les points du monde (1). »

Le plus ancien pèlerin connu de Notre-Dame de
Boulogne, signalé comme tel par les historiens, est
saint Yore (2).

Son nom a reçu les orthographes les plus variées.
Les auteurs qui en parlent l'appellent : Yor, Yore,
Yorin, Jorio, Joire, Joirin, Jorin, Jore, Iore, etc. (3).
Le propre de la collégiale de Béthune qui renfermait
son office l'appelle *Beatus Jorius.* C'est sous cette
forme qu'il est cité dans les anciens auteurs et dans
différents manuscrits des XVIᵉ et XVIIᵉ siècles.

Dans le langage populaire, on l'appelle saint Yore.

Saint Yore était originaire de la Grande Arménie.
Son père, homme d'une éminente piété, s'appelait
Etienne, et sa mère, aussi très religieuse, portait le
nom d'Hélène. Les historiens ne donnent pas de

(1) Gaudin : *Chron. Deiparæ.* — Jean d'Ypres : *Chron.
S. Bertini,* part. XIV, ch. XLV.
(2) Molanus : *In Natal. Belg., 26 Juillet,* — Ferry de Locre :
Chronique de Flandre, année 1033. — Gazet : *Histoire Ecclésiastique des Pays-Bas.* — Le Roy : *Histoire de Notre-Dame
de Boulogne,* p. 29. — de Rosny : *Histoire du Boulonnais,* t. I,
p. 455. — C. J. Destombes : *Vie des Saints du diocèse de
Cambrai et d'Arras,* t. III, p. 103, etc.
(3) *Op. cit.,* — Archives de Béthune, — Reg. de Catholicité.

renseignements sur sa famille. Ils nous apprennent seulement qu'il avait sept frères dont l'un s'appelait Macaire (1).

Ce dernier n'est pas signalé dans l'histoire de l'Eglise ni dans aucune vie des Saints. Il mérita toutefois d'être associé au culte public rendu à saint Yore, comme l'indique ce passage d'une ancienne prose : « tous deux ont pratiqué la vertu : ils ont combattu les vices et mérité la gloire céleste (2). »

L'histoire garde le silence sur le lieu et l'époque de la naissance de saint Yore, ainsi que sur les autres circonstances de son enfance et de sa jeunesse. Elle nous le montre évêque du Mont-Sinaï, consacrant son temps et ses forces au service de Dieu et des âmes. Le ministère apostolique et la prédication de l'évangile faisaient son bonheur (3).

Saint Yore avait entendu parler des prodiges qui s'opéraient au sanctuaire de Notre-Dame de Boulogne. Poussé par sa piété envers la Sainte Vierge et « animé « à cela par l'exemplaire de saint Macaire, son frère, « patriarche d'Antioche, qui en avoit fait autant et « estoit mort en Flandre, durant le cours de son « pèlerinage (4) », il voulut visiter le célèbre sanctuaire boulonnais « par un motif général de religion et par « un engagement de s'acquitter d'un vœu (5) ».

Il est difficile d'admettre que saint Macaire, frère

---

(1) Ferry de Locre, *op. cit.*, pp. 187 et 188. — Molanus, id.
(2)   *Qui sic certarunt contra vitia,*
      Quod ambo sint cœli in gloria.
        (Ferry de Locre, *op. cit.*)
(3)   . . . . . *Opus*
     Dei lœtus exercuit
     Fideliter et docuit.
           (Id.)
(4) Molanus, *op. cit.*
(5)   id.   *Religionis et voti gemino flabro impulsus.*
(F. de Locre, *loc. cit.*)

de saint Yore, soit le même que saint Macaire, évêque
d'Antioche, honoré à Gand le 10 août. Saint Macaire,
évêque d'Antioche, était mort plus de vingt ans avant
saint Yore, et, d'après sa vie, écrite en 1067, il avait
pour père et mère, les nommés Michel et Marie, tandis
que les parents de saint Yore, portaient les noms
d'Etienne et d'Hélène. La confusion est sans doute
venue de ce que saint Macaire, frère de saint Yore,
et saint Macaire, évêque d'Antioche, étaient tous deux
originaires de l'Arménie (1).

A cette époque, un pèlerinage à un sanctuaire éloigné
était une grande entreprise. Il fallait quitter son pays
et traverser des régions inconnues. La plupart du
temps, les pèlerins partaient sans argent et sans
provisions ; aussi les dangers et les obstacles de toutes
sortes qu'ils rencontraient sur leur route, étaient
nombreux, les fatigues auxquelles ils étaient exposés
étaient pénibles. On devait voyager par des routes
souvent impraticables, frapper chaque soir à une porte
étrangère pour demander l'hospitalité, et, le lendemain,
reprendre sa route et la continuer dans les mêmes
conditions. Mais il n'y a rien de plus généreux qu'un
cœur qui a la foi ; il a une élévation et une étendue
au-delà et au-dessus de tout ce qui se présente aux
sens. Aussi, dans ces âges de foi, pour accomplir un
vœu fait à Dieu ou à la Sainte Vierge, et au nom de
la religion, on ne calculait pas les distances, ni les
ennuis, ni les fatigues, ni les périls d'une longue route.
On savait tout entreprendre et tout supporter.

C'est dans ces conditions et animé de ces nobles
sentiments, que l'évêque du Mont-Sinaï entreprit son
pèlerinage. « Il quitta son païs, traversa toute l'Europe
« et vint en France où entr'autres lieux de piété

(1) Les Bollandistes, *Acta Sanctorum*, t. XXXIII, 26 juillet.

« ausquels il s'arresta, il visita avec beaucoup de
« dévotion, l'églize de Nostre-Dame de Boulogne. »
Les deux éperons que la collégiale Saint-Barthélémy
de Béthune garda dans son trésor de reliques, jusqu'à
la Révolution, autorisent à croire qu'il fit ce voyage à
cheval (1).

Après les fatigues et les périls d'un voyage si long
et si difficile, il arriva au sanctuaire de Notre-Dame
de Boulogne. L'histoire ne nous laisse aucun document
sur le séjour qu'il fit dans la cité boulonnaise. Sans
aucun doute, il accomplit son vœu aux pieds de la
Sainte Vierge avec l'esprit de foi et de ferveur qui
l'avaient inspiré et qui caractérisent la religion des
anciens temps. On ne sait pas davantage s'il y
prolongea son séjour. En tout cas, il est permis de
croire qu'il ne quitta pas le vénéré sanctuaire, sans y
laisser, selon la coutume des pèlerins de cette époque,
quelque offrande ou ex-voto « comme gage et préro-
« gative d'amour singulier envers Nostre-Dame ».

(1) *Duo fulcra pedum equestria.* Id.

II

Saint Yore à Béthune. — Sa mort.

Ce pèlerinage aux pieds de la Sainte Vierge, devait être le dernier acte public de religion qui allait couronner une vie consacrée à la gloire de Dieu et au salut des âmes. Lorsque l'heure de la récompense est venue pour ses serviteurs, Dieu se hâte de les retirer de ce monde, contre toutes les prévisions humaines, et de les rappeler à lui, pour leur donner la béatitude qu'ils ont méritée. Il allait en être ainsi pour l'évêque du Mont-Sinaï. « Son pèlerinage à Nostre-Dame fut « sa dernière action de piété qui couronna toutes les « autres de sa vie. »

Avant de reprendre le cours de son voyage « pour « continuer de visiter tous les lieux saints de la « chrestienté », et regagner ensuite son diocèse lointain, il voulut profiter de son passage dans le pays boulonnais pour aller faire visite à un de ses anciens serviteurs qui habitait Béthune (1). Il arriva dans cette ville, le VII des calendes d'août de l'an 1033. Sa

(1) *Quum bononiensis in Picardiâ Virginis janiculum atque aram præsens honorasset, Bethuniam divertens ad quemdam cujus ministerio quondam fuerat usus.* (F. de Locre, *op. cit.*, pp. 187, 188.)

visite fut un sujet de grande joie pour son hôte qui
était heureux de recevoir le saint évêque, dont il avait
su apprécier les vertus et les mérites pendant le temps
qu'il avait été à son service. Il ne se doutait pas que
sa joie allait être de courte durée et soumise à une
épreuve douloureuse. En effet, la nuit même qui
suivit son arrivée à Béthune, l'évêque pèlerin fut
frappé de mort subite. « Sans que personne s'en aperçût,
« l'homme de Dieu passa à la lumière éternelle (1). Il
« alla jouir dans le ciel de la présence de Celle dont il
« venait d'honorer l'image sur la terre (2). »

Le lendemain, la frayeur du chef de la maison fut
grande, lorsqu'il trouva sans vie son ancien maître,
qu'il avait reçu la veille, avec une si grande joie, et
qu'il avait laissé plein de santé. Les circonstances de
cette mort imprévue d'un évêque étranger dans sa
maison jetèrent le trouble dans son esprit. Il craignait
d'être inquiété par la justice, aussi résolut-il de ne pas
révéler ce qui s'était passé. Il enterra secrètement le
corps du défunt dans les dépendances de sa propre
demeure (3).

Mais Dieu ne veut pas que les corps de ses saints
subissent ici-bas les lois générales de l'oubli des
tombeaux. Ils ont été à la peine pendant leur vie, il
est juste qu'après leur mort, ils soient glorifiés même
en ce monde. Et puis dans l'évêque du Mont-Sinaï,
dans ce pieux pèlerin de Notre-Dame de Boulogne, il
y avait le serviteur de la Sainte Vierge à glorifier. La
parole que saint Bernard prononcera un siècle plus

______

(1) *Apud quem nemine conscio, nocteque intempestà,
sept. cal. Aug. subitanà morte corripitur.* (F. de Locre,
loc. cit.)

(2) Molanus, loc. cit.

(3) *Morte deprehensà et sibi ex eà metuens a judice
molestiam corpus sanctum intra parietes domus sepelivit.*
(Id.)

tard allait se réaliser : « La mémoire des serviteurs de « Marie ne saurait périr ». Le Seigneur voulait une sépulture digne de son fidèle ministre et du courageux pèlerin de sa Très Sainte Mère.

Malgré toutes les précautions prises pour cacher cette mort inconnue du public et l'endroit de la sépulture, Dieu se chargea de révéler par des prodiges éclatants, la sainteté de son serviteur. Des apparitions merveilleuses dévoilèrent le mystère (1). Chaque nuit, des lumières extraordinaires sortaient de la maison où reposait le corps du vénérable défunt, et éclairaient une partie de la ville. Le comte de Béthune (2), et les soldats de sa garnison, qui habitaient le château voisin de la maison mortuaire, furent les premiers témoins de ce prodige.

Bientôt, toute la ville fut en émoi. Les habitants des faubourgs et des villages voisins venaient en foule contempler le fait merveilleux. La nouveauté du spectacle touchait tous ceux qui en étaient les témoins. Avec la pénétration que donne la foi, chacun sentait qu'on était en présence du surnaturel et en cherchait la cause.

Le maître de la maison, théâtre de cet évènement, fut entouré par la foule. On le pressa de questions. D'abord, il hésita et n'osa répondre. Enfin, devant l'évidence qui ne cessait de se manifester, il n'y tint plus. Son secret devint impossible à garder. Une voix surnaturelle le poussait à révéler la vérité ; il se rendit chez les magistrats de la ville et leur raconta le fait dans tous ses détails.

C'est ainsi que furent révélés la mort et le lieu de la sépulture de saint Yore.

____

(1) *Res per crebas apparitiones detecta fuit.* Id.
(2) Robert I", surnommé *Faisceux, Faisseus* ou *Faisœux.*

Il n'y avait plus de doute, la voix de Dieu s'était fait entendre et attestait la sainteté de son serviteur. On le redisait de toute part. C'était le suffrage unanime de tout un peuple touché et éclairé par les prodiges qui ne cessaient de se manifester et qui étaient comme l'expression du jugement de Dieu lui-même.

Par ordre du seigneur de Béthune, sous la direction des hommes de la justice et sur les indications du propriétaire de la maison, théâtre de ce merveilleux évènement, le tombeau miraculeux fut ouvert et on mit à jour le modeste cercueil de bois qui renfermait le corps de l'évêque arménien. Ceux qui étaient présents, remplis de stupeur et de joie, tombèrent à genoux pour vénérer ce bois précieux.

Le cercueil fut ouvert et le corps du bienheureux apparut au public. Il s'en exhalait sans doute un suave et délicieux parfum, symbole de la grâce et des vertus divines, dont il avait été le dépôt et l'enveloppe, et aussi en rapport avec les clartés surnaturelles qui continuaient de le signaler à l'attention du peuple.

Dieu seul connaît les joies dont surabondent les cœurs en contact avec le surnaturel. Il dut être touchant le tableau de ces magistrats, prêtres et fidèles, penchés sur un cercueil embaumé, vénérant les restes d'un saint, dont Dieu prenait Lui-même soin de manifester la vertu ; qui les contemplait du haut du ciel et répondait à leurs prières par des embrasements invisibles. Aucun des assistants ne fut à l'abri de ce triomphe de la sainteté.

A cette vue, le clergé et les fidèles éprouvèrent une sorte d'accès de reconnaissance envers le divin auteur de tant de merveilles et d'enthousiasme envers celui qui en était l'objet.

Les restes sacrés, recueillis avec une respectueuse

dévotion, furent placés dans un cercueil nouveau auquel on donna une sépulture honorable, en rapport avec les prodiges qui passionnaient la ville de Béthune.

III

Culte de saint Yore à Béthune.

A la différence de la gloire humaine, celle des élus de Dieu ne commence réellement, sur la terre et dans le ciel, qu'après leur mort. Il allait en être ainsi pour le bienheureux évêque d'Arménie, dont Dieu venait de révéler la sainteté d'une manière éclatante. Il était naturel que son culte s'établit surtout dans la ville de Béthune, témoin de sa bienheureuse mort et des prodiges qui l'avaient accompagnée.

Le Seigneur, en effet, ne tarda pas à manifester la puissance miraculeuse qu'il voulait désormais attribuer à son serviteur.

A une vie si bien remplie de foi vive et de charité ardente, il se hâta de conférer le droit de disposer des richesses du ciel.

Les maux de l'âme ainsi que les souffrances et les infirmités physiques trouvaient devant le corps de l'évêque défunt une compassion efficace (1).

Son tombeau devenait le rendez-vous continuel des fidèles. Sa sainteté était évidente (2).

(1)   *Prece reddit claudis gressum*
Sanans omne clade pressum...
                    (Molanus, loc. cit.)
(2) Le chanoine Cornet : *Histoire de Béthune*, t. I., p. 19.

Jusqu'au xie siècle, la canonisation des saints ne demandait pas les longues enquêtes et les discussions contradictoires que la prudence de l'Eglise exige maintenant. A un jour donné, l'évêque du diocèse ou, à son défaut, quelque dignitaire ecclésiastique se rendait dans l'endroit où le corps du saint avait été enterré. Au milieu de cérémonies religieuses, en présence du clergé et du peup'e, il relevait les reliques du tombeau et les déposait dans une sépulture plus digne ou dans des châsses précieuses. Alors, pouvait commencer pour le saint, le culte canonique, devancé d'ailleurs par le culte populaire (1).

C'est ce qui arriva pour le culte de saint Yore.

Lorsque l'autorité ecclésiastique, cédant aux vœux unanimes des fidèles, eut accordé la permission désirée, on fit la reconnaissance officielle des reliques sacrées du glorieux évêque et on les exposa à la vénération publique pour lui rendre le culte religieux et implorer sa protection.

En 999, Robert I, suivant le mouvement important qui devait donner naissance à tant de monuments religieux célèbres, avait commencé, dans la ville de Béthune, dont il était le seigneur, une église en « l'honneur de Dieu, de la Sainte Vierge Marie et de saint Barthélémy (2) », appelée aussi plus tard *Sainte Croix.*

(1) C'est vers la fin du xe siècle, qu'il fut jugé plus prudent de laisser au pape le droit de canonisation. Le premier exemple d'un acte solennel de ce genre fut donné en 993, lorsque le pape Jean XV canonisa Udalric, évêque d'Augsbourg. Le second exemple est la canonisation de saint Siméon de Trèves en 1032. Le dernier saint canonisé sans le consentement direct du Souverain Pontife est saint Galtier de Pontoise en 1153. Le droit de canonisation exclusivement réservé au Saint-Siège, fut définitivement établi par une Bulle d'Innocent III en date du 3 avril 1200. (Migne : *Encyclopédie théologique,* p. 229.)

(2) *In honorem Dei, Sanctæ Mariæ et Sancti Bartholomæi.* (Aubert Le Mire : *Diplomatica Belgica,* t. III, p. 945.)

Les travaux furent terminés en 1038, par Robert II son fils. Celui-ci la dota de revenus considérables et en confia la direction à des chanoines qui devaient former la célèbre collégiale de Saint-Barthélémy (1).

Il était naturel que le culte du pieux et courageux pèlerin de Notre-Dame de Boulogne, s'établît dans un sanctuaire dédié à la Sainte Vierge. Aussi le corps de saint Yore fut transporté plus tard dans cette église de Saint-Barthélémy. On le déposa dans une chapelle spéciale, érigée en son honneur, près du chœur et à laquelle on donna son nom. Les reliques étaient renfermées dans une châsse en marbre, sans aucun ornement sculpté, mais sur laquelle était une petite pierre blanche, avec cette inscription :

† *Obiit beatus Jorius episcopus,* VII° *kalendas Augusti. Venit de Armenia Majore et fuit episcopus de Monte-Synay. Pater ejus Stephanus. Mater ejus Helena.* VII *fratres fuerunt. Macharius... ab incarnatione Domini millesimo trigesimo* III (2).

(1) Dès le XII° siècle, la collégiale Saint-Barthélémy comprenait vingt-quatre prébendes. Le droit de les conférer appartenait à cette époque à la seigneurie de Béthune. De ces prébendes, une seule était *sacerdotale a fundatione;* onze autres prirent successivement ce caractère ; six furent *diaconales* et six *sous-diaconales.* A la tête des chanoines était le prévôt. A cause de la modicité des revenus, sept de ces prébendes furent supprimées par Louis XV.

En 1780, le chapitre de Saint-Barthélémy comprenait le prévôt et treize chanoines à la nomination du Roi. La tenue des assemblées capitulaires avait lieu le mardi et le samedi de chaque semaine, non empêchés par une fête chômée. En dehors des chanoines, il y avait les chapelains au nombre de 22 qui formèrent un corps commun avec les chanoines, et 9 chantres musiciens ou laïques. Le chapitre était patron de la paroisse Sainte-Croix érigée dans son église où elle avait son autel spécial. (*Almanach historique d'Artois,* 1780, p. 148.)

(2) « Le Bienheureux Jore mourut le VII des calendes d'août. « Il était venu de la grande Arménie. Il fut évêque du Mont-« Sinaï. Son père s'appelait Etienne et sa mère Hélène. Il eut « sept frères : Machaire... L'an de l'incarnation 1033. » (Le

Parmi les reliques renfermées dans la châsse, se trouvait une partie de la tête de saint Yore, enveloppée séparément dans un petit morceau d'étoffe. Toutes ces reliques étaient placées dans une étoffe blanche fermée au moyen d'un cordon, sur le nœud duquel était le sceau du comte de Flandre (1).

Sur la châsse se trouvait l'image du saint revêtu de ses ornements pontificaux et tenant en main une crosse d'évêque.

Guy de Dampierre, par son mariage avec *Mahaut* ou *Mathilde*, fille de Robert VII, comte de Béthune, avait réuni le comté de Béthune à son comté de Flandre. (1264). C'est en 1304 que Philippe le Bel, à la suite de sa victoire sur les Flamands à la bataille de Mons en Pévèle, se réserva entr'autres possessions, la ville de Béthune qui, par donation du 12 juin 1311, passa de ce roi à *Mahaut*, comtesse d'Artois. C'est donc entre les deux dates de 1264 et 1304, qu'il faut faire remonter l'apposition du sceau des comtes de Flandre sur les reliques de saint Yore et très probablement la translation de ces reliques dans la chapelle de l'église Saint-Barthélémy.

Au XVIe siècle, les reliques de saint Yore dans l'église Saint-Barthélémy consistaient dans la tête moins la mâchoire inférieure et dans trois ossements importants de son corps, enchâssés dans un buste

Comte de Loisne : *Le Cartulaire de saint Barthélémy,* p. 717.)

Dans le nom de *Machaire* qui figure sur cette inscription. il y en a qui ont vu la signature du scribe qui a rédigé l'inscription et non pas le nom du frère de saint Yore. (Les Bollandistes. loc. cit.)

(1) *In parvo panniculo involutum est de capite ejusdem sancti. Ossa præfata sancti cum lapide involuta sunt in manipula alba cincta corrigia et in nodo sigillata sigillo comitis Flandrice.* (Le Comte de Loisne, loc. cit.)

Les armes des comtes de Flandre étaient *d'or au lion de sable.*

d'argent, ayant cinq pieds et demi de hauteur, et représentant le saint évêque en habits pontificaux et placé dans la sacristie (1). Les autres reliques renfermées dans une autre châsse étaient déposées sous le maître autel (2).

Les reliques de saint Yore furent visitées, le 14 juillet 1601, par messire Jehan Bawet, chapelain du roi d'Espagne et ancien chapelain de la collégiale de Saint-Barthélémy. Le 25 août 1689, Jean-Baptiste Palyart, vicaire général, en fit une nouvelle reconnaissance, au nom de Mgr Guy de Sèvres de Rochechouart, évêque d'Arras (3). Une autre reconnaissance des mêmes reliques fut faite le 17 avril 1749, par maître François Descamps, prévôt du chapitre de Saint-Barthélémy et Henri-Ferdinand-Joseph de Villers du Tertre, chanoine de la même église, en vertu d'une permission accordée par Mgr François Baglion de la Salle, évêque d'Arras, en date du 6 avril précédent (4).

On considère comme reliques, non seulement la dépouille mortelle des saints, mais encore les vêtements et les objets qui leur ont appartenu. C'est pour cette raison que l'église Saint-Barthélémy conserva aussi dans son trésor jusqu'à la Révolution, comme ayant appartenu à saint Yore : un mouchoir, deux petits coffrets ou paniers et deux étriers (5).

(1) *Caput decenter exornatum repositum est in sacrario.* (Molanus, F. de Locres, loc. cit.)

(2) *Reliqua sacra pignora in summum altare.* (Les Bollandistes, loc. cit.). — (Le chanoine Cornet, *op. cit.*)

(3) Guy de Sève de Rochechouart, sacré évêque d'Arras en 1670, décédé en 1724. Sa vie a été publiée par M. le chanoine J. Depotter, doyen de Laventie. Arras, Imp. Rohart-Courtin, 1893.

(4) Les Bollandistes. Loc. cit. François Baglion de la Salle, nommé évêque d'Arras en 1725, ne fut sacré qu'en 1727. Il mourut à Paris en 1752.

(5) Id. *Conservantur ibidem inter ecclesiæ sacra vasa duæ ejus cistulæ et duo fulcra pedum equestria.* (Molanus, loc. cit.)

La maison où était mort saint Yore, devint également l'objet de la vénération publique. Dès le XII° siècle, un oratoire y fut érigé, et plusieurs reliques du saint y furent déposées dans une châsse en bois, recouverte de plaques d'argent (1).

Cet oratoire et la chapelle de la collégiale devinrent des lieux de pèlerinage très fréquentés au XVI° siècle (2).

Aucun document n'atteste que le culte de saint Yore se soit répandu au loin. Il en est des clartés célestes comme des lumières naturelles : les unes sont destinées à projeter au loin l'éclat de leurs rayons ; d'autres, plus modestes en apparence, mais non moins riches et efficaces, doivent briller dans une étendue plus restreinte.

La ville de Béthune paraît avoir été spécialement destinée par Dieu à profiter des bienfaisantes faveurs de saint Yore. Aussi pendant des siècles, elle se distingua par son zèle pour le grand protecteur qu'une mort providentielle lui avait donné (3).

Le 26 juillet de chaque année, jour anniversaire de

(1) Le comte A. d'Héricourt, dans sa *Notice sur l'église de Béthune, Statistique monumentale du Pas-de-Calais*, t. II, 13° notice, p. 2, dit que la maison où saint Yore était mort, fut convertie en une chapelle qui disparut plus tard. Sur son emplacement, on construisit la caserne qui, jusqu'à ces derniers temps, porta le nom de caserne Saint-Yore. Près de cette caserne aurait été construite une autre chapelle qui subsista jusqu'à la Révolution.

(2) *Utriusque sepulturæ locus religiose colitur.* (Molanus, id.)

(3) Il n'y a aucun rapport entre saint Yore qui nous occupe et la paroisse de *Saint-Yorre* dans le département de l'Allier, près de Vichy. Le nom de cette localité est une altération de *saint Thierry*, qui, dans les documents du moyen âge, s'écrit tantôt Saint Thierry, S. Thierri ou S. Thierre (1351), tantôt S. Thioire, S. Tioire, S. Tiorre, Sainct Thiourre (1569) etc., d'où enfin après différentes autres transformations sous la plume des scribes, *saint Yorre actuel*.

Le patron de la paroisse fut d'abord saint Thierry, puis saint Éloi et enfin aujourd'hui saint Ferréol.

(Note de M. l'abbé Michel Peynot, curé de Saint-Yorre).

la mort de saint Yore, était un grand jour de fête pour Béthune. Selon un usage constant, le carillon de la ville annonçait cette solennité dès la veille. Le matin, la foule composée des fidèles de Béthune et des paroisses voisines, se rendait à l'office, que l'on célébrait en l'honneur de saint Yore, dans l'église de Saint-Barthélémy. Un prédicateur, souvent un chanoine de la collégiale, faisait son panégyrique et racontait les merveilles et les prodiges obtenus par son intercession. Une procession partait ensuite de l'église Saint-Barthélémy et se rendait à l'oratoire soigneusement décoré pour cette circonstance. La châsse d'argent contenant les reliques de saint Yore y était portée en grande pompe (1).

Les fidèles se groupaient autour du précieux trésor et le cortège parcourait ainsi les rues de Béthune. C'était le saint évêque d'Arménie, le pieux pèlerin de la Sainte Vierge, qui bénissait sur son passage, la ville que Dieu avait choisie pour y faire éclater les merveilles de sa sainteté. Pendant cette procession, on chantait jusqu'au XVIII⁰ siècle, une prose en cinq strophes (2).

Les rues où devait passer le cortège, étaient soigneusement décorées comme aux plus grandes manifestations religieuses. Les frais occasionnés par ces décorations étaient payés par les chanoines de la collégiale Saint-Barthélémy, comme en fait foi le passage suivant : « En 1600. Aulx voisins de la rue du

----

(1) *Privatæ illæ œdes annue exornantur in die natali; caput sacrum eo defertur et ad sepulchrum præconcurritur.* (Id.)

(2) A cette procession avec les reliques de saint Yore, on portait également celles de saint Barthélémy et des onze mille Vierges : « En 1629, le menuisier et le peintre qui avaient faict « les trois *ceciers* (civières) pour porter les sainctes relicques « de saint Bartholomy, saint Jore et XI mille vierges, recevaient « VIII l. XV s. (De La Fons de Mélicocq : *Saint Barthélémy de Béthune aux* XV⁰, XVI⁰ *et* XVII⁰ *siècles*).

« Chasteau, le jour de saint Jore, pour avoir paré et
« tendu la rue (payé) ung lot de vin (1). »

A la procession du 26 juillet et aux autres processions
solennelles, la châsse de saint Yore et celle de saint
Barthélemy étaient portées par des prêtres, coiffés
d'un chapeau de fleurs et qui, pour leurs fonctions,
touchaient un honoraire : « A la procession solennelle
« du jour de la Pentecôte (1414), les quatres prêtres
« qui avaient porté le brach de sainct Bétrémieu et le
« chief de saint Jore, avaient chacun droit à VI d. ;
« leurs chapeaux de fleurs revenaient à VIII s. (2). »

A l'occasion des fêtes religieuses en l'honneur de
saint Yore, on vit souvent se renouveler les apparitions
surnaturelles et les merveilleuses lumières dont Béthune
avait été témoin au jour de sa mort. Tous ces faits
extraordinaires étaient comme autant de nouveaux
témoignages, dont Dieu se plaisait à entourer la
mémoire de son serviteur. Ils n'étaient pas vus
seulement par un petit nombre de personnes sur la foi
desquelles on aurait pu avoir des doutes mais « ils
« furent confirmés par les dépositions de nombreux
« témoins tous dignes de foi (3). »

Dans les cérémonies d'actions de grâces, les cala-
mités publiques ou les fêtes qui avaient pour but de
célébrer un évènement heureux, les reliques de saint
Yore figuraient toujours dans les processions qui
réunissaient les paroisses et les communautés de
Béthune.

C'est ainsi que le 11 mai 1483, dans le cortège
organisé pour aller au-devant d'Anne de France, fille

---

(1) De Melicocq, loc. cit.
(2) Id.
(3) *Circà quod multam lucem divinitus apparentem sese
conspexisse testantur multi superstites.* (F. de Locres,
loc. cit.).

de Louis XI, qui faisait son entrée solennelle dans la ville de Béthune, on voit figurer la châsse de saint Yore (1).

Tant d'actes religieux consacrés par le suffrage suprême de l'Eglise et les honneurs qu'elle décernait si solennellement à saint Yore, ne pouvaient qu'accroître le nombre et la ferveur des fidèles, qui venaient chercher auprès de ses reliques, dans ses oratoires soit un aliment à leur piété, soit un remède à leurs maux. Aussi, en dehors des démonstrations publiques, il y avait encore les pèlerinages particuliers en l'honneur de saint Yore. Il ne se passait guère de jours sans qu'on vît des pèlerins isolés ou par groupes, se rendre à ses oratoires. Les uns y venaient implorer le secours du saint Evêque pour un malade ; d'autres s'y rendaient pour obtenir leur propre guérison ou pour accomplir un vœu en reconnaissance de faveurs obtenues. Les pèlerins rivalisaient de zèle pour exalter le nom de saint Yore et orner ses autels.

De nombreuses faveurs furent le résultat de la tendre confiance qui entraînait tant de fidèles aux pieds de saint Yore. Le nombre et la variété des ex-voto et souvenirs qui se trouvaient au moment de la Révolution, dans la seule chapelle, témoin de sa mort, laissent entendre que bien des souffrances physiques et morales ont obtenu leur guérison ou leur soulagement par son intercession (2).

Ce n'est pas seulement du clergé et des fidèles d'un rang ordinaire que saint Yore reçut des témoignages de respect et de confiance, mais aussi de personnages et de familles de marque, parmi lesquelles on peut

(1) Arch. comm. de Béthune. — Le chanoine Cornet, *op. cit.*
(2) *Prece claudis reddit gressum*
Sanans omni labe pressum.
(F. de Locres, loc. cit.).

citer la maison de Saveuse. « En 1744, on voyait sur
« les vitraux de la chapelle de Saint-Jorre, les
« armoiries de la maison de Saveuse ainsi que le
« portrait du fondateur à genoux ayant une cotte
« d'armes, chargée de son écusson (1). »

Le membre de la famille de Saveuse, dont il est
parlé dans ce passage, est sans doute *Bon de Saveuse*,
gouverneur de Béthune et capitaine général du comté
d'Artois (1465). Dans ce cas, c'est lui qui aurait été le
fondateur ou plutôt le restaurateur de la chapelle de
Saint-Yore (2).

Sur une ancienne carte de Béthune, dressée en 1740,
on voit figurer la chapelle Saint-Yore parmi les
bâtiments publics de la ville. La rue où cette chapelle
était située, portait le nom de *Rue Saint-Yore*. Toute
cette partie de la ville était quelquefois désignée sous
le nom de *Quartier Saint-Yore*.

Dieu paraît avoir eu une constante sollicitude pour
glorifier le saint évêque du Mont-Sinaï. Une des
expressions de la vénération publique des familles
pour les saints, est de les prendre pour protecteurs des
enfants à leur baptême. Selon que l'attestent les
anciens registres de catholicité, le nom de saint Yore
était très répandu avant la Révolution à Béthune et
dans les paroisses voisines.

Le martyrologe de la collégiale Saint-Barthélémy
signalait la fête de saint Yore en ces termes, à la date
du 26 juillet :

---

(1) Le comte A. d'Héricourt, loc. cit. — La famille de Saveuse
est originaire de Picardie où on trouve *Enguerrand de
Savodio (Saveuse)*, en 1102. Ses armes sont *de gueules à la
bande d'or, accompagnée de six billettes de même, rangées
en orle.*

(2) Le Carpentier, *Histoire généalogique des Païs-Bas,*
t. II, p. 997 et sq.

« *Eôdem die Natale Beati Jorii peregrini qui Montis-*
« *Sinaï episcopatum tenuit* (1). »

Le martyrologe de France, à cette même date du
26 juillet, s'exprime ainsi :

« A Béthune, saint Jôre, confesseur, honoré comme
« évêque en l'église Saint-Barthélémy de cette ville. »

Ce fut au milieu de ces fidèles et touchants homm-
mages, offerts en échange de tant de bienfaits et de
tant de grâces, que les reliques de saint Yore repo-
sèrent pendant plus de sept cents ans dans les sanctuaires que la piété des fidèles lui avait élevés, sous la
garde des chanoines d'une collégiale célèbre.

Vraiment, devant le culte et les honneurs rendus à
un saint, on peut se demander quel souvenir humain
est chéri, conservé, consacré comme son souvenir ?
Quelle popularité y a-t-il qui puisse se comparer à
celle d'un saint dans le cœur des peuples chrétiens ?

De tout ce qui précède, on peut conclure que saint
Yore « fut un homme de Dieu, célèbre par les mer-
« veilles, les prodiges et les miracles que Dieu a
« opérés par son intercession (2). »

____

(1) Les Bollandistes. Loc. cit.
(2) *Virum approbatum a Deo.... Virtutibus et prodigiis
et signis quæ fecit Deus per illum. Act. Apost.*, ch. II, v. 22.

IV

Office de Saint Yore.

Il nous reste à dire quelle était autrefois la situation de saint Yore au point de vue liturgique.

Nous voulons ainsi rappeler et conserver ce que sa pensée a inspiré à l'Eglise, c'est-à-dire aux chanoines gardiens de ses reliques et au peuple qui lui avaient voué un culte spécial.

Au xv⁰ siècle, d'après le témoignage de Jacques Franck *(Jacobus Franchus)*, natif de Béthune, bachelier en théologie, la fête de saint Yore était célébrée à l'église Saint-Barthélémy, le 26 juillet, sous le rite de *double-majeur*. L'office n'avait pas de leçons propres, pour le bréviaire, mais on chantait pendant la procession la prose suivante que l'on regardait alors comme fort ancienne (1) :

(1) *Qua die* (26 juillet), *eodem in templo B. Jorii festum sub magno duplici celebratur...* (Les Bollandistes, loc. cit.)

Cujus festum in horo canonicorum sancti Bartholomœi est magnum duplex. In lectionibus tamen nihil proprium est sed de hymnis et rhytmis de eo canitur. (Molanus, loc. cit.).

Tout ce qui est rapporté par Molanus sur saint Yore, a été recueilli par Jacques Francq. (Les Bollandistes, loc. cit.).

Dignum est ut collaudetur *Dominus et honoretur* *In suo sancto Jorio,* *Quem decoravit gaudio.*	Il est juste d'honorer et de louer le Seigneur dans son serviteur saint Jore qu'il a comblé d'une joie éternelle.
Jorius hic episcopus *De Monte-Sinai, opus* *Dei lætus exercuit* *Fideliter et docuit.*	Jore, évêque du Mont-Sinaï accomplit joyeusement l'œuvre de Dieu et se montra un apôtre fidèle.
Gaude castrum Bethuniæ *Quod tu, per Regem gloriæ* *Thesauros habes gratiæ* *Quibus resplendes hodie.*	Tressaille d'allégresse, ô cité de Béthune, le Roi de gloire t'a procuré un trésor de grâces qui fait aujourd'hui ton honneur.
Hic germanus fuit Macarii *Viri sancti conscii* *Qui sic certarunt contra* *[vitia* *Quod ambo sint cœli in* *[gloriâ.*	Yore était le frère de Macaire. Ces saints luttèrent tellement contre les vices, qu'ils sont maintenant tous deux dans la gloire du ciel.
Prece reddit claudis gres- *[sum,* *Sanans omni labe pressum* *Cujus prece nobis detur vita* *Per sæcula sæculorum in-* *[finita.* *Amen.*	Par ses prières, saint Jore a fait marcher les infirmes et guéri toutes les maladies. Qu'il daigne nous obtenir la vie éternelle, pendant la suite infinie des siècles. Ainsi-soit-il.

Toutefois au commencement du xvii° siècle, il y avait un office spécial en l'honneur de saint Yore, selon que l'atteste ce passage d'un compte de la

collégiale Saint-Barthélémy : « En 1619, (payé)
« XXVI l. au libraire Gaspart Utens, pour un rituel
« romain, six processionnaires, sans oublier la reliure
« *des offices du nom de Jesus, de saint Bartholomy et*
« *de saint Jor* (1). »

En 1617, messire de Sénermont, bachelier en théologie et chanoine de la collégiale de Saint-Barthélémy,
fut chargé par Mgr Richardot, évêque d'Arras, de
rechercher des documents sur la vie et le culte .de
saint Yore. Il découvrit à la fin d'un ancien manuscrit
rouge (2), que depuis longtemps on chantait, en
l'honneur de saint Yore, des répons, dont il cite le
quatrième et le cinquième :

R. *Hic germanus fuit Ma-*
[*carii*
Viri sancti coronæ conscii
Qui certarunt contra vitia
Quod ambo sint in gloriâ.

Saint Jore est le frère de
Macaire. Ces saints pen-
sant à la couronne céleste,
luttèrent tellement contre
les vices, qu'ils sont maintenant dans la gloire.

R. *O felices fratres æterni*
Qui cœlesti vitâ fruimini
Impetrare, sancti, di-
[*gnemini*
Sociari nos cœli humi-
[*nis.*

O bienheureux frères qui
jouissez pour l'éternité de
la vie du ciel, daignez
nous obtenir d'être les
compagnons de votre gloire
céleste.

(1) De La Fons de Mélicocq, loc. cit.
(2) Les Bollandistes, loc. cit. *In perantiquo codice.* Le très
ancien manuscrit rouge dont il est ici question est l'intéressant Cartulaire dit *Livre rouge* de la collégiale de Saint-Barthélémy de Béthune publié en 1896 par M. le comte de Loisne.
Saint-Omer, imprimerie H. d'Homont. L'original de ce Cartulaire est aux Archives départementales du Pas-de-Calais.

A la suite de ces recherches, Mgr Richardot, évêque d'Arras, renouvela à l'église Saint-Barthélémy, l'autorisation de célébrer l'office de saint Yore, avec la solennité habituelle.

En 1749, lorsque la reconnaissance des reliques de saint Yore eut été faite, les chanoines de Saint-Barthélémy firent insérer un office en l'honneur de saint Yore, dans le propre de la collégiale, qui fut approuvé par Mgr de Bonneguise, évêque d'Arras, le 21 avril 1763 (1). Les leçons suivantes de cet office ne sont, du reste, que la reproduction des détails donnés par Jean Molanus dans ses *Natales sanctorum Belgii* :

LECTIO IV

Beatus Jorius fuit episcopus de Monte-Sinai. Pater ejus fuit Stephanus et mater Helena. Septem fratres habuit inter quos Macarius. Béthuniensium traditio habet Eum voti et religionis causâ invisisse Boloniæ memoriam Deiparæ Virginis ; inde, propter vicinam loci, divertisse Bethuniam ad quemdam qui si aliquando famulatus fuerat. Apud quem, nemine conscio, nocturno tempore, ad lucem æter-

Le Bienheureux Jore fut évêque du Mont-Sinaï. Il eut pour père Etienne et pour mère Hélène. Il eut sept frères et de ce nombre Macaire. A Béthune, la tradition rapporte que pour l'accomplissement d'un vœu, il vint à Boulogne au sanctuaire de la Vierge, mère de Dieu. Puis, à cause de la proximité du lieu, il se rendit à Béthune, chez un de ses anciens serviteurs. Ce fut là que sans aucun témoin, pendant la

(1) Le chanoine Cornet, loc. cit. — Jean de Bonneguise, consacré évêque d'Arras en 1752, fut nommé à l'évêché de Tréguier en 1766.

nam migravit anno ab incarnatione millesimo trigesimo tertio.

nuit, son âme s'envola vers la lumière éternelle, l'an 1033 de l'incarnation.

LECTIO V

Famulus, morte deprehensà et sibi ex eà metuens a judice molestiam, corpus sanctum intrà domesticos parietes sepelivit. Sed per crebras apparitiones detectum fuit. Unde viro sancto dignior data est sepultura quœ adhuc cernitur intra Ecclesiam Divi Barptolomœi in sacello, quod postea in honorem ipsius Jorii Deo dicatum est. Cum autem eo etiam in loco memoria ejus miraculis claresceret, caput decenter ornatum repositum est in sacrario : reliqua sacra pignora in summum altare.

Le serviteur, à la vue de cette mort et dans la crainte d'embarras de la part des juges, ensevelit le corps du saint dans les dépendances de sa maison. Mais de fréquentes apparitions le firent découvrir. Par suite, on donna au saint une sépulture plus digne : on peut encore le voir dans l'église Saint-Barthélémy dans une chapelle qui fut plus tard dédiée à Jore lui-même. Mais en cet endroit, sa mémoire devenait également célèbre par les miracles qui s'y accomplissaient. Sa tête ornée avec décence fut placée dans le trésor de l'église : les autres reliques furent déposées au maître-autel.

LECTIO VI

In hujus autem rei memoriam, utriusque sepulturœ locus religiose colitur.

Pour garder ce souvenir, on honore religieusement les deux endroits où il fut

Hunc et privatæ illæ æde annuè exornantur in die natali. Caput sacrum eo defertur et ad sepulturum pie concurritur. Circà quod multam lucem divinitus apparentem sese conspexisse testantur multi superstites. Conservantur ibidem inter Ecclesiæ sacra vasa duæ ejus cistulæ et duo fulcra pedum equestria.

enseveli. Tous les ans, au jour anniversaire de la naissance (1) de saint Yore, on orne la maison particulière où il est mort. Son chef sacré y est porté solennellement et les fidèles viennent en grand nombre au lieu de sa sépulture. Beaucoup de témoins encore vivants affirment avoir vu rayonner tout autour, une abondante lumière. Parmi les reliques sacrées de l'église, on conserve deux coffrets et deux éperons provenant du saint.

La messe était la messe *Sacerdotes* du Commun des confesseurs pontifes, avec l'évangile selon saint Mathieu, *Vigilate* et l'oraison suivante :

ORATIO

Deus omnium bonorum largitor excellentissime, nobis supplicibus tuis per magnifici confessoris tui atque pontificis Jorii merita, concede, ut, expulsis omnium vitiorum contagiis, Spiritus Sancti gratia

ORAISON

O Dieu Tout Puissant, dispensateur de tous les biens, nous vous en supplions, par les mérites de votre glorieux confesseur et pontife, le Bienheureux Jore, accordez-nous de chasser la contagion de

---

(1) C'est-à-dire, de sa naissance à la vie de l'éternité. C'est par le mot de *naissance* que l'Eglise désigne souvent la mort des saints.

in cordibus nostris lar-
giatur et ad finem vitæ
nostræ in iisdem perma-
nere dignatur. Per Domi-
num nostrum Jesum Chris-
tum Filium tuum qui
tecum vivit et regnat in
unitate ejusdem Spiritus
Sancti Dei per omnia sæ-
cula sæculorum. Amen.

tous les vices, afin que la grâce du Saint Esprit s'établisse dans nos cœurs et qu'elle y demeure jusqu'à la fin de notre vie. Par Notre Seigneur Jésus-Christ qui vit et règne avec vous, en l'unité du même Saint Esprit, dans tous les siècles des siècles. Ainsi-soit-il.

La Révolution de 1789 est venue. Ses réformes étaient un remède social nécessaire. Semblable au médecin qui manque d'expérience, elle n'a pas su garder les mesures de la sagesse et de la modération. La révolte et le désordre, le pillage et le meurtre prirent la place de la sécurité publique. La ville de Béthune eut sa grande part de dévastations. Elle a vu disparaître, avec leurs souvenirs et leurs trésors, les plus beaux monuments de son histoire. La chapelle Saint-Yore, érigée dans la maison où il était mort, n'a pas échappé à la destruction générale. En 1791, l'inventaire des objets précieux trouvés dans cette chapelle comprenait : « 27 cœurs, « 2 *œils* (sic), 2 roses, 2 en-« fants, 4 jambes, une main, le tout en argent pesant « 2 marcs, 4 onces, 4 gros. — 3 couronnes d'argent « pesant 2 marcs, 3 onces. — un bâton royal, 2 bu-« rettes, un christ et sa garniture, en argent, pesant « 3 marcs, 3 onces. — 2 bouquets, et leurs man-« delettes, 20 cœurs, 4 jambes et un œil, 3 balles, « 68 cœurs, 2 yeux, 2 couronnes (1). »

---

(1) Arch. départ. du P.-d.-C., *District de Béthune*, liasse 32.

Ces différents objets furent envoyés à Arras et, de là, à Paris, pour être convertis en monnaie. Le reste du mobilier fut également dispersé avec les précieuses reliques de saint Yore qui, depuis plus de sept cents ans, avaient servi d'aliment à la piété des fidèles et couvert la ville de Béthune de leur protection tutélaire.

La chapelle, mise en vente comme bien national, devint propriété privée. Elle forma corps avec le bâtiment situé vis-à-vis la caserne qui, jusqu'à ces derniers temps, a porté le nom de caserne *Saint-Yore.*

La chapelle de Saint-Yore, érigée dans l'église de Saint-Barthélémy, disparut avec le célèbre monument qui la renfermait (1). Le buste d'argent avec sa relique vénérée, les ex-voto et le mobilier eurent le sort commun (2).

La destruction des deux oratoires de saint Yore paraît avoir interrompu pour toujours le cours de la dévotion séculaire en son honneur. Tandis que les fidèles sont allés s'agenouiller successivement sur les pierres dispersées des anciens sanctuaires, la destruction a continué son œuvre pour saint Yore.

---

(1) Avec l'église de Saint-Barthélémy, disparurent à cette époque : *l'église des Capucins*, reconstruite en 1602, *l'église des Jésuites*, qui datait de 1622, et celle des *Récollets* encore plus ancienne. *L'église Saint-Vaast*, la seule qui reste aujourd'hui, bâtie en 940, par Herman, seigneur de Béthune, sur l'emplacement de l'ancien cimetière, a été reconstruite en 1533, dans l'intérieur de la ville. La tour fut achevée en 1616.

Avec la petite chapelle de Saint-Yore, 23 autres chapelles disparurent à Béthune, à la Révolution, ainsi que les couvents des *Récollets*, des *Capucins*, des religieuses *Conceptionistes*, des religieuses *Annonciades*, des religieuses *Bénédictines*, dites de la *Paix*, des *Capucineresses*, des *Franciscaines*, des *Hospitalières*, les prieurés de *Saint-Pry* et du *Perroy.*

(2) L'inventaire des objets précieux trouvés dans l'église Saint-Barthélémy, le 16 février 1693, par Jean-Baptiste Hulleu, membre du directoire, comprend :

Le buste de saint Vaast, d'argent et ses *agrès* ; le buste

L'oubli est venu sur tant de souvenirs vénérables !!!

Cependant saint Yore est le plus ancien pèlerin connu de Notre-Dame de Boulogne, dont la dévotion a toujours été si populaire ; il a vécu et il est mort dans notre pays ; sa sainteté est manifeste ; ses bienfaits ont été célèbres et nombreux ; il avait sa place dans la liturgie, ses solennités et ses pèlerinages dans le culte public ; sa dévotion a servi d'aliment à la piété des fidèles pendant plus de sept siècles ; son intercession a obtenu des faveurs et des bienfaits que la charité et l'histoire ont proclamés.

C'est sur tout cela que le silence s'est fait !!!

Les descendants des générations que saint Yore a aimées, a consolées, a soulagées, ont méconnu et renié sa puissante protection.

On se sent surpris, presque ému d'une si grande indifférence.

Qu'est-ce que les fidèles ont gagné à laisser dans l'oubli une dévotion que les siècles avaient respectée ? N'est-il pas permis de désirer que le zèle catholique, qui depuis un siècle a réparé tant de ruines et tiré tant de souvenirs respectables de l'oubli, porte enfin ses efforts sur saint Yore et lui rende la place qu'il occupait dans le culte de l'Eglise (1) ?

---

d'une Vierge ; une croix d'argent ; 6 bouquets et leurs *mandelettes*, 4 couronnes, branches et étoiles, 1 encensoir, 2 burettes et 1 plat, plusieurs cœurs et un nom de Jésus, 1 chandelier et ses *agrès*, 2 chandeliers d'accolytes, 2 chandeliers de chapelles, 6 chandeliers du maitre-autel, 1 buste de *saint Joseph ?* une grande croix, la garniture du tabernacle, la garniture d'un missel, 2 croix d'or, un ostensoir doré, la garniture de 6 chandeliers dont l'intérieur était en bois, 2 anges, 2 branches, une croix. (Arch. dép., loc. cit.).

Très probablement que, parmi ces objets, plusieurs provenaient de la chapelle Saint-Yore, érigée dans l'église de Saint-Barthélémy.

(1) Il faut signaler toutefois qu'en 1896, la paroisse de Béthune, dans un pèlerinage, sous la direction de M. le chanoine Billot, archiprêtre, a fait placer dans le sanctuaire de

Si ce modeste travail pouvait contribuer à obtenir ce résultat, il serait abondamment récompensé.

Alette, en la fête de saint Yore, le 26 juillet 1904.

B.-J. THOBOIS,

Curé d'Alette.

Notre-Dame de Boulogne, une plaque en marbre blanc, avec cette inscription :

Pèlerinage de Béthune
1896
A la mémoire de saint Yor
Evêque du Mont-Sinai
Pèlerin de N.-D. de Boulogne
en 1033
Comme saint Yor s'en retournait en Orient
Il s'arrêta dans la ville de Béthune, ou il mourut
Les miracles, qui s'opérèrent a son tombeau, mani-
festèrent aussitot la sainteté du serviteur de
Dieu.

(*Longueur de la plaque, 0^m,70, hauteur 0^m,45*).

TABLE

www.ingramcontent.com/pod-product-compliance
Lightning Source LLC
Chambersburg PA
CBHW061128050726
47594CB00005B/2137